Michael Thiel

Vier-Farben-Satz

Ein logischer Beweis

Essen, 2016

Herstellung und Verlag:
BoD - Books on Demand, Norderstedt
ISBN 978-3-7412-5206-8

Vorwort

Hallo. Es freut mich, dass Sie sich für dieses Buch entschieden haben. In diesem recht kurzen Büchlein, möchte ich zeigen, warum sich mit logischen Instrumentarien das Vier-Farben-Theorem bestätigt. Auf den nachfolgenden Seiten möchte ich zeigen, dass es nicht möglich ist, dass sich fünf Flächen alle zugleich im direkten Nebeneinander befinden. Es ist also nicht möglich, dass jede der fünf Flächen zu jeder der vier anderen Flächen eine Grenzlinie besitzt. Dadurch wären mindestens zwei der fünf Flächen nicht durch eine Grenzlinie miteinander verbunden, was für eine Einfärbung bedeuten würde, dass diese beiden die gleiche Farbe bekommen dürfen. Infolgedessen reichen immer vier Farben aus, egal aus wie vielen Einzelflächen welcher Form auch immer, eine große Gesamtfläche bzw. Karte besteht. Auch wenn die Einzelflächen bereits in verschiedenen Farben eingefärbt sind, so wird es doch immer möglich sein, dass die Gesamtfläche nur aus vier Farben besteht.

Dies zu zeigen, soll das Ziel dieses Buches sein. Auch wenn es beim Vier-Farben-Satz eben um Farben geht, bringt der Innenteil des Buches nur schwarz-weiß und Grautöne in den Grafiken hervor. Ich wollte die Anschaffungskosten für dieses recht dünne Buch so niedrig wie möglich halten. Ich hoffe, Sie haben dafür Verständnis. Dennoch lassen sich auch über die Grautöne die Unterschiede erkennen. Ich wünsche Ihnen viel Spaß beim Lesen!

Michael Thiel

In der Mathematik gibt es noch viele Rätsel, die entweder nicht oder nur teilweise gelöst wurden. Ein Rätsel ist der Vier Farben – Satz. Darin heißt es, dass man eine Fläche , in der verschiedene Flächen integriert sind, immer mit vier Farben einfärben kann, ohne dass dabei eine jeweilige Nachbarfläche zu einer anderen die gleiche hat. Es sollen also immer vier Farben ausreichen, und dennoch haben alle zueinander grenzenden Flächen eine andere Farbe. Mit Grenzen ist all das gemeint, was größer als ein Punkt ist. Bisher ist es nicht gelungen einen, von allen mathematischen Seiten als anerkannt geltenden Beweis oder Gegenbeweis zu finden.

Grundlegend befinden sich auf einer großen Gesamtfläche bzw. Karte also verschiedene Einzelflächen. Man könnte sich jetzt eine mit Farbe befüllte Ausgangsfläche aussuchen, von der man aus, weitere, ihr direkt angrenzende Flächen mit Farbe befüllt. Diese müssen dann so mit Farben gefüllt werden, dass sie, jeweils um die bereits mit Farbe gefüllte Ausgangsfläche, zusammen genommen nicht mehr als drei weitere verschiedene Farben zu der Ausgangsfläche beinhalten dürfen. Ist dieses Problem gelöst, schaffen jetzt aber die den Flächen weiter angrenzenden Flächen eine nächste Herausforderung, denn diese müssen nach gleichem Prinzip mit Farben gefüllt werden, ohne dass dabei die Gesamtfläche bzw. Karte mehr als vier Farben besitzt und ohne, dass dabei zwei über eine Linie aneinandergrenzende Flächen, die gleiche Farbe aufweisen.

Es gibt verschiedene Möglichkeiten, wie zwei Flächen zueinander in Relation stehen können. Eine wäre, dass sich zwei Flächen direkt neben einander befinden, die zweite Möglichkeit wäre, dass sich zwei Flächen überschneiden, wodurch neue Flächen geschaffen werden können und eine dritte Möglichkeit wäre, dass eine Fläche eine andere impliziert. Bei dieser Möglichkeit ist entscheidet, ob Eckpunkte oder Linien der ersten Fläche die zweite berühren, denn auch dadurch können weitere Flächen entstehen.

Zunächst möchte ich mir die erste Möglichkeit anschauen. Hier ist es so, dass immer zwei Flächen entweder durch einen Eckpunkt oder durch eine Linie aneinandergrenzen. Bei dieser Möglichkeit kommt man immer insgesamt mit zwei oder drei verschiedenen Farben aus. Jeweils eine für die jeweiligen beiden Flächen und eine dritte Farbe, für das, was sie umgibt, welches gedacht ja auch für eine Fläche steht. In diesem Paradigma ist es egal, welche geometrischen Flächen aneinander grenzen, ob es sich um Kreise, Dreiecke, Vierecke oder höhere Polygone handelt.

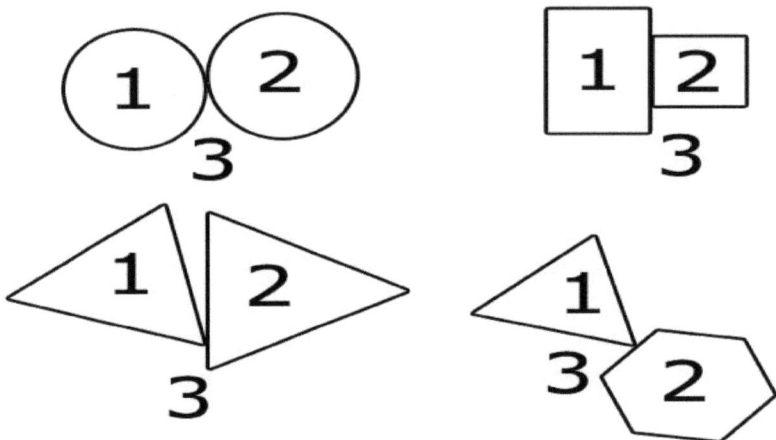

Auf dem oberen Bild ist erkennbar, dass die erste, dritte und vierte Grafik sogar nur mit zwei Farben auskommen würde, da sich die beiden Flächen nur an einem Punkt berühren. Die zweite Grafik hingegen benötigt drei Farben, weil sich die beiden Rechtecke mit einer Seite berühren, wodurch eine Grenze entsteht.

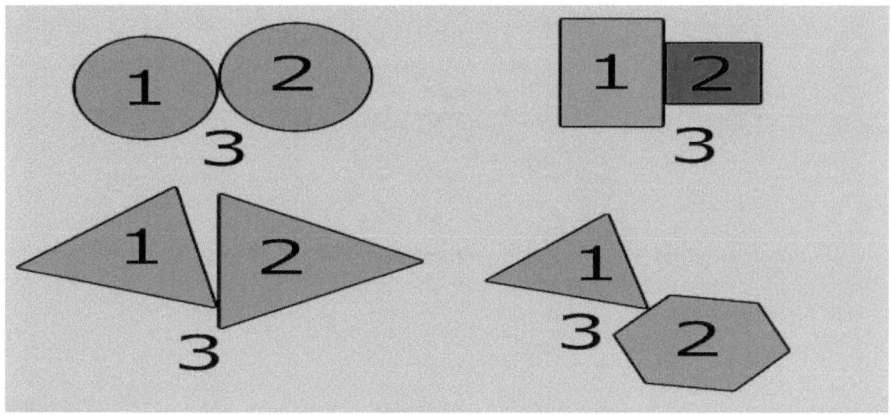

Auch bei der nächsten Möglichkeit reichen drei Farben aus. Das liegt daran, weil durch die Schnittmenge der jeweiligen beiden Flächen eine Abgrenzung der beiden Restflächen zueinander geschaffen wird. Sie dadurch nicht mehr in einem direkten Nebeneinander stehen können. Dadurch wird es möglich, dass die Restflächen mit den gleichen Farben gefüllt werden können. Die dritte Farbe ist dann für eine den Flächen umgebende große Fläche gedacht. Dies zeigen die nachfolgenden Grafikbeispiele:

Interessant wird auch die dritte Möglichkeit, die eine Fläche beschreibt, die eine zweite impliziert. Auch hierfür gibt es verschiedene Paradigmen.

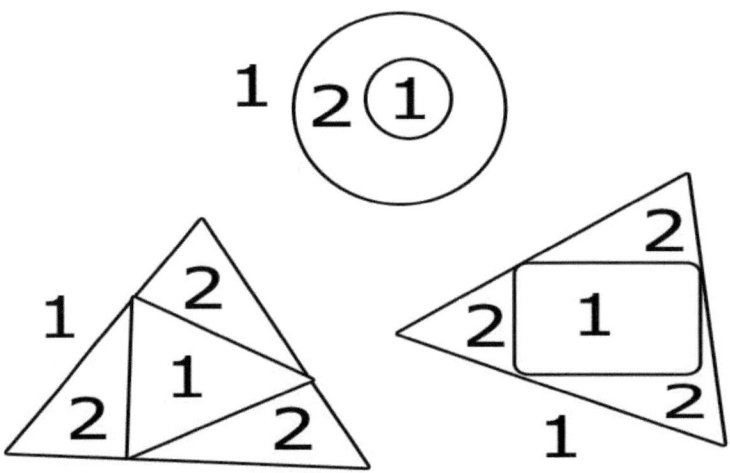

Jetzt gibt es aber ganz bizarre Überlappungsmöglichkeiten von verschieden geformten Flächen.

Die Frage dabei ist, ob diese bizarren Flächen tatsächlich so mit maximal vier Farben gefüllt werden können, ohne dass dabei zwei Flächen mit der gleichen Farbe nebeneinander grenzen.

In meiner Idee suche ich nach dem Ursprung, was mit den jeweiligen Flächen passiert ist. Und diese offenbart sich darin, dass ich erkenne, dass in der Grafik Grenzen entstanden sind. Daher befasse ich mich nachfolgend mit der Frage, was passiert mit einer Fläche, die gebrochen wird, wie entstehen die Grenzen? Ich schaue mir also weitere Beispiele an.

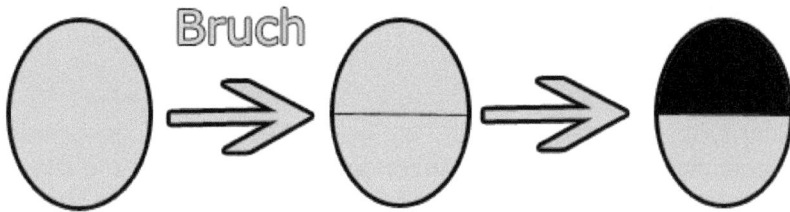

In dieser Grafik zeigt sich, dass sich durch den Bruch die Anzahl der benötigten Farben erhöht. Auch wenn ich hier nur Schwarz- Weiß- und Grau gefärbte Flächen zeige, wird es dennoch erkennbar. (Bitte stellt euch die Weiß-Schwarz-und Graustufen als Farben vor) Zunächst benötigte ich zwei Farben, den grau gefärbten Kreis und das den Kreis umgebende Weiß. Nach dem Bruch benötige ich aber schon drei verschiedene Farben.

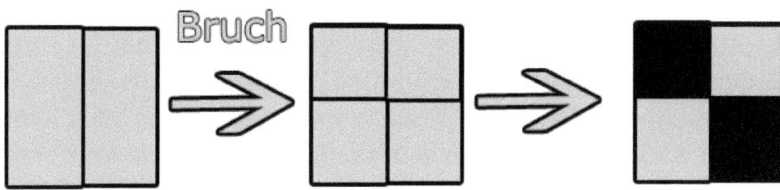

Durch den Bruch in der oberen Grafik ändert sich nichts, was die Anzahl der benötigten Farben angeht. Eigentlich müsste die bereits gebrochene Ausgangsfläche mit zwei Farben gefüllt sein, durch einen weiteren Bruch „zwei Rechtecke in vier Quadrate" würde sich nur die Aufteilung der Einfärbung verändern.

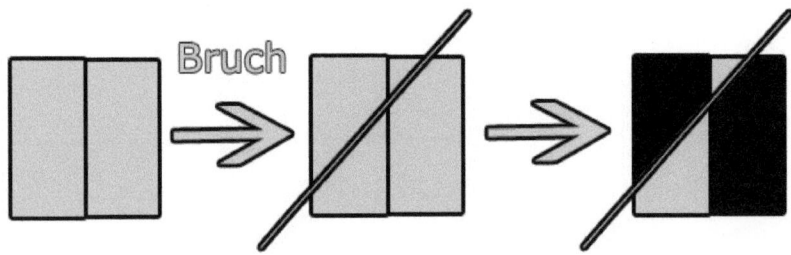

Auch diese Brechung in der oberen Grafik kommt mit drei Farben aus, damit zwei aneinander grenzenden Flächen, nicht die gleiche Farbe haben.

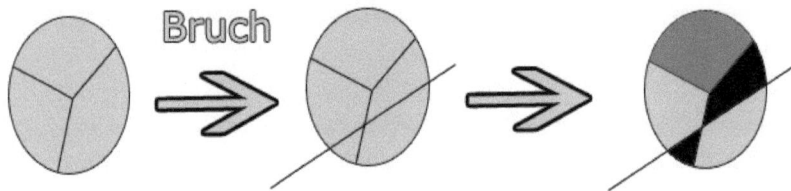

In der oberen Grafik haben wir jetzt ein Beispiel, das inklusive der weißen Außenfläche vier Farben benötigt. Allerdings hat sich durch den Bruch hier auch nichts verändert, denn die Ausgangsfläche bräuchte auch vier Farben für die drei Innenflächen des Kreises und für die Außenfläche. Auch die nachfolgenden Grafiken zeigen, dass trotz des Bruches bzw. des Einfügens einer Fläche in der Fläche keine fünfte Farbe erforderlich wäre, obwohl verschiedene weitere Einzelflächen entstanden sind.

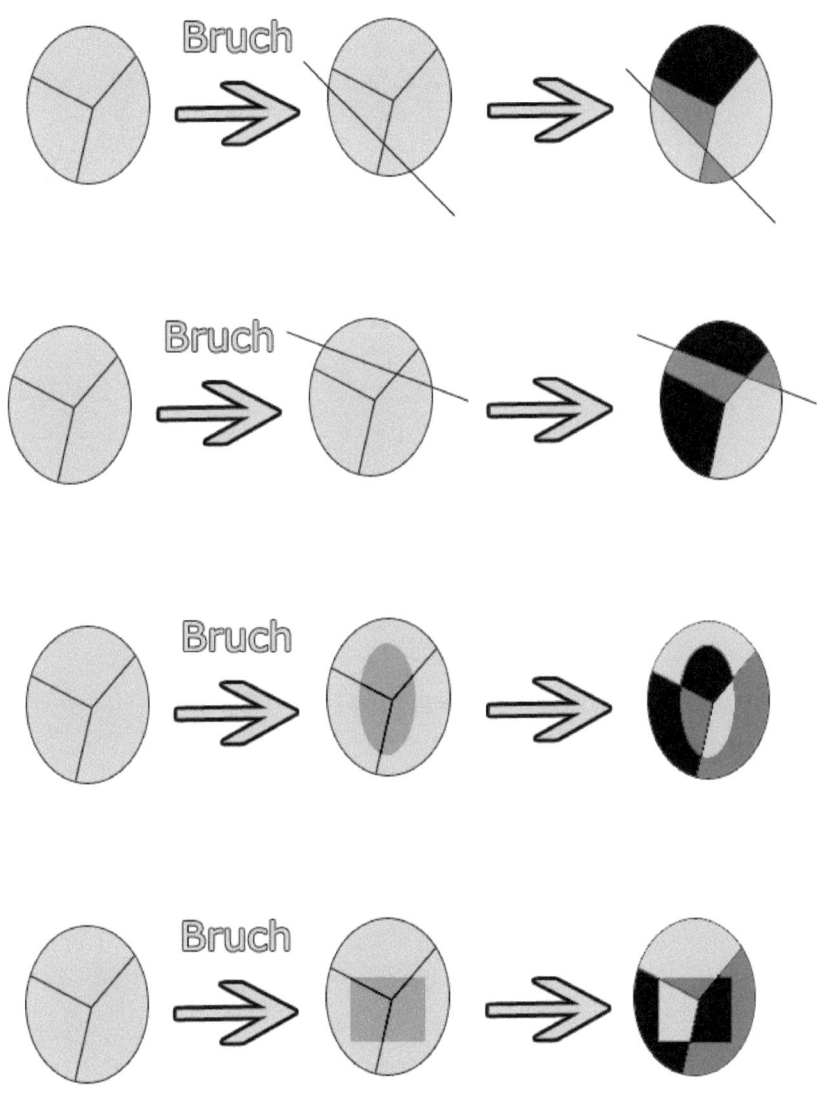

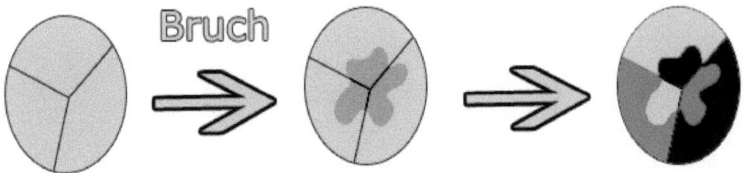

Interessant an den Grafiken ist, dass egal wo im Innenbereich der Ausgangsfläche Brüche gemacht wurden oder Flächen eingeschoben wurden, immer eine bestimmte Symmetrie oder Asymmetrie der Einzelflächen zueinander erzeugt wird, die zugleich dafür sorgt, dass bestimmte Einzelflächen zu anderen so abgegrenzt werden, dass sie keine unmittelbare Grenzlinie mehr zu einer vorherigen haben.

Es erscheint egal, ob man Kreise, Polygone, Flächen mit Ecken oder Rundungen nimmt, sobald eine mindestens vierte neue Fläche hinzukommt, erscheinen irgendwo auch mindestens zwei

Abgrenzungen von Flächen zueinander in derart, dass sie keine unmittelbare Grenzlinie zueinander haben.

Die Frage ist nun, woran liegt das?

Wenn ich mir Flächen Typen anschaue, dann haben alle eine verschieden hohe Anzahl an Seiten. Selbst Flächentypen mit Rundungen muss man sich so denken, dass sie in einer Hochauflösung dennoch durch Ecken gebrochen sind. So hat jede Seite einer Fläche neben sich rechts und links gedacht eine jeweilige weitere Seite. Wenn man jetzt den Umfang einer Fläche abgehen würde, dann würde man entweder auf eine gerade oder ungerade Anzahl an Seiten kommen.

Doch letztlich hat man, wenn man an einer Seite steht, neben sich rechts und links jeweils immer nur eine andere Seite.

Interessant wird es, wenn man die jeweiligen Seiten, um eine Fläche herum mit Farben bestreichen möchte, dann gibt es nämlich nur zwei Typen, entweder den Typus, bei dem man mit zwei Farben auskommt oder denjenigen, bei dem man drei Farben benötigt, damit eine letzte Seite, die zu der Ausgangsseite führt, eine andere Farbe bekommt, als die vorausgehende und die Zielseite. Letzter Typus kommt bei Flächen infrage, die eine ungerade Anzahl an Seiten haben.

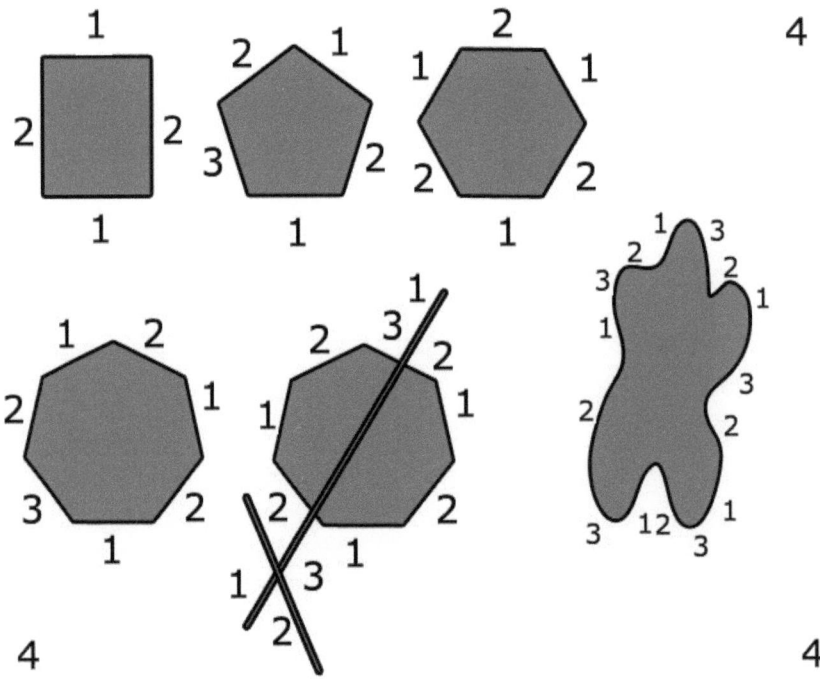

Im Prinzip lässt sich ein Polygon oder eine Fläche mit gerundeten Seiten, die in einer Hochauflösung eine ungerade Anzahl an Eckpunkten ergeben würde, auf die Form eines Dreiecks kürzen, wobei alle Flächen mit einer geraden Anzahl an Eckpunkten sich zu einem Rechteck kürzen lassen ließe. Dies heißt, dass an eine Fläche zwar beliebig viele Flächen angrenzen können, aber in der Kombination, dass Fläche 1 mit 2, 3 und 4, Fläche 2 mit 1, 3 und 4, Fläche 3 mit 1, 2 und 4 und Fläche 4 mit 1, 2 und 3 zugleich eine nachbarschaftliche Grenzlinie schaffen, ist das absolute Maximum. Es gibt zwar Flächenkombinationen, wo eine 5. Fläche direkt an eine 1., 2., 3. und 4. Fläche angrenzt, es in diesem Fall dennoch keiner fünften Farbe bedarf. Woran das liegt, zeigt die nachfolgende Grafik.

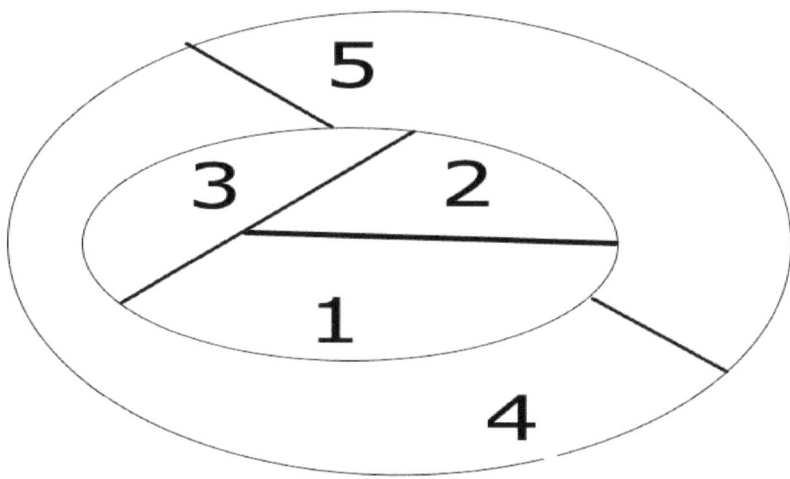

Fläche 5 grenzt in der oberen Grafik an 1, 2, 3 und 4. Auch Fläche 3 grenzt an 1, 2, 4 und 5. Ebenso grenzt Fläche 1 an 2, 3, 4 und 5. Aber Fläche 2 und 4 sind keine Nachbarflächen. Daher können die Flächen 2 und 4 mit dergleichen Farbe gefüllt werden. Dann grenzen zwar die Flächen 1, 3 und 5 jeweils an zwei Flächen mit dergleichen Farbe, da diese jedoch nicht im direkten Nebeneinander erscheinen, spielt es für die aus allen Einzelflächen bestehende Gesamtfläche keine Rolle. Diese kommt mit vier Farben aus.

Doch woran liegt es, dass man tatsächlich immer mit vier Farben auskommt. Ich hatte gesagt, dass man Flächen, was die Seitenanzahl angeht auf ein Dreieck oder Rechteck kürzen könnte. Und diese beiden Flächentypen haben unterschiedliche Charakteristika. Beim Rechteck gibt es immer eine Seite, die einer anderen gegenüberliegt, wobei die jeweiligen anderen beiden Seiten Nachbarseiten sind. Beim Dreieck verhält es sich anders. Hier ist jede Seite Nachbar der anderen Seite. Um jetzt die Seiten mit verschiedenen Farben einzufärben, benötigt man eine Farbe mehr, als beim Rechteck, denn beim Rechteck kann man für die sich gegenüberliegenden Seiten die gleiche Farbe benutzen.

Das Geheimnis liegt im gleichzeitigen Nebeneinander. In der Zweidimensionalität liegt das Maximum eines gleichzeitigen Nebeneinanders von Punkten, Linien oder Flächen bei vier. Es geht zwar auch, dass ein 5. Punkt, eine 5. Linie oder eine 5. Fläche mit jeweils vieren in gleichzeitigem Nebeneinander steht, doch in diesem Fall sind zwei andere Punkte, Linien oder Flächen automatisch voneinander so getrennt, dass sie sich nicht in direktem Nebeneinander befinden.

Ich möchte mir daher jetzt das Geheimnis des Nebeneinanders anschauen. Jede Zahl einer Grafik soll stellvertretend für einen Menschen sein.

In der oberen Grafik stehen sich zwei verschiedene Menschen gegenüber, ungeachtet, wohin ihre Blickrichtung geht, stehen sie zugleich nebeneinander.

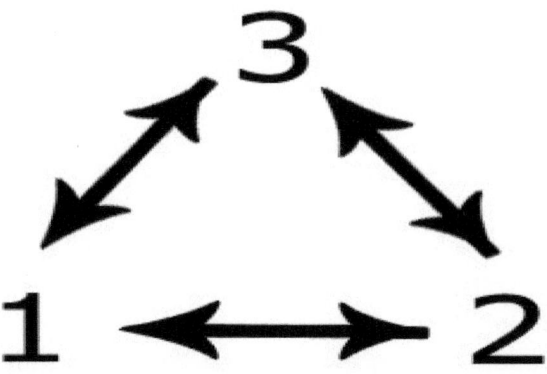

Sobald eine dritte Person hinzukommt, ändert sich nichts, jede der drei Personen, kann zugleich neben und gegenüber der jeweiligen anderen Person, stehen.

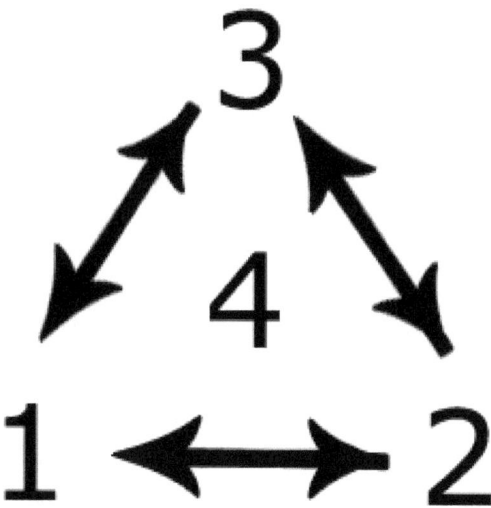

In der oberen Grafik kommt eine vierte Person hinzu. Damit diese das gleichzeitige Nebeneinander der drei Personen nicht durcheinander bringt, bleibt ihr noch die Möglichkeit, sich in den Innenbereich der drei zu platzieren. Sie entscheidet sich für die Mitte. Hier steht sie direkt neben 1, 2 und 3 in gleichem Abstand. Würde sie jetzt in die Höhe schweben und imaginäre Linien zu allen drei ziehen, wären alle vier in einer Tetraeder – Form miteinander verbunden.

Wenn 4 eine Fläche wäre, könnte sie anstatt das Innenfeld zwischen 1, 2 und 3 einzunehmen, auch das äußere Feld einnehmen und sie hätte dennoch alle drei als angrenzende Nachbarn, sofern sie alle umkreist.

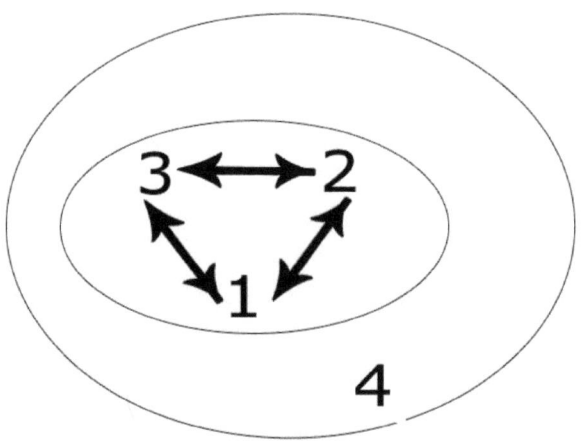

Wenn jetzt also alle Personen als Flächen gedacht würden, dann würde die 4. Fläche, entweder das Da drinnen, das Da draußen bzw. das Dahinter ausmachen. Oder in der dritten Dimension das Darüber oder das Darunter. Mit vier Flächen ist es also noch möglich, dass sich alle zueinander im Nebeneinander befinden. Jedoch nicht mehr, wenn eine fünfte Fläche hinzukommt. Dann lassen sich geometrisch keine Verbindungslinien so zeichnen, dass nicht irgendwo eine Fläche zu einer anderen aus dem Nebeneinander entfernt würde. Es wäre nur in einer Raumdimension denkbar und dann erkennbar, wenn die Flächen transparent wären, nicht aber auf einer zweidimensionalen Karte. Man könnte sich auch ein Tetraeder im Raum schwebend vorstellen. Alle vier Eckpunkte des Tetraeders sind miteinander verbunden und auch jede Fläche zueinander. Daher hat das Tetraeder nach dem Vier-Farben- Satz auch für jede der vier Flächen eine andere Farbe. Der Raum, der das Tetraeder umgibt, müsste daher eine fünfte Farbe haben. Dann ist es möglich, dass alles aneinandergrenzende zueinander fünf unterschiedliche Farben hat. Nicht aber auf einer zweidimensionalen Karte, hier schafft die fünfte hinzukommende Fläche, Seite oder Punkt den Sachverhalt, dass nicht mehr alle fünf zugleich in einem direkt angrenzendem

Verhältnis stehen, irgendwo auf der Fläche entsteht durch den Bruch der fünften eine Abgrenzung.

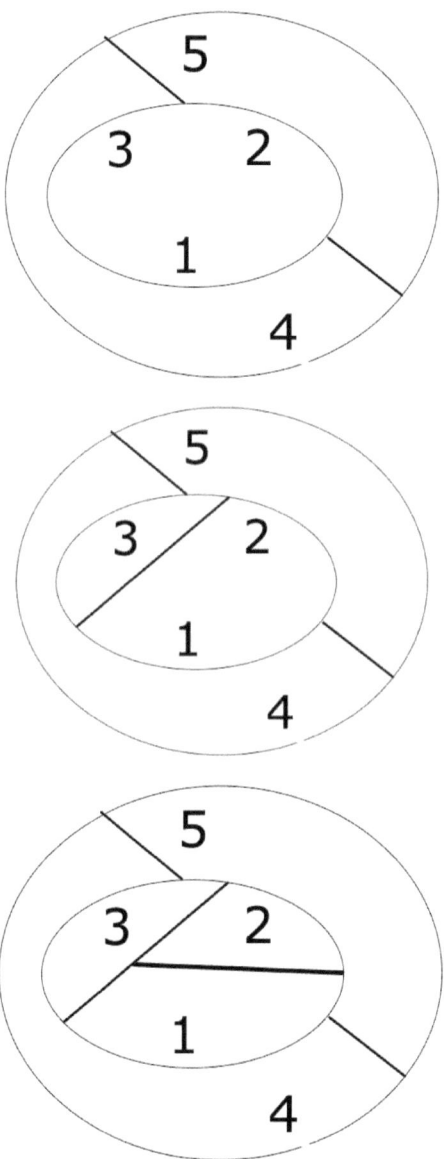

In diesem Sinne kommt jede Fläche, egal aus welchen und wieviel Einzelflächen sie besteht, mit vier Farben aus, weil das maximal zugleiche Nebeneinander bei vier Flächen liegt. Gemeint mit gleichzeitigem Nebeneinander ist also:

1 mit 2, 3 und 4 und

2 mit 1, 3 und 4 und

3 mit 1, 2 und 4 und

4 mit 1, 2 und 3.

In der 2. Dimension gibt es kein Nebeneinander, das wie folgt aussehe:

1 mit 2, 3, 4 und 5 und

2 mit 1, 3, 4 und 5 und

3 mit 1, 2, 4 und 5 und

4 mit 1, 2, 3 und 5 und

5 mit 1, 2, 3 und 4.

Der Rahmen des gleichzeitigen Nebeneinanders liegt also bei vier. Daher kommt eine zweidimensionale Fläche beim Einfärben ihrer Einzelflächen mit vier Farben aus.

Die Lösung des Rätsels ist also, dass sich nie mehr als vier Flächen so miteinander verbinden lassen, dass alle zugleich mit den jeweiligen anderen Grenzlinien besitzen. Sofern eine fünfte Fläche ins Spiel kommt, sind mindestens zwei der jetzigen fünf Flächen nicht mehr über eine gemeinsame Grenzlinie verbunden.

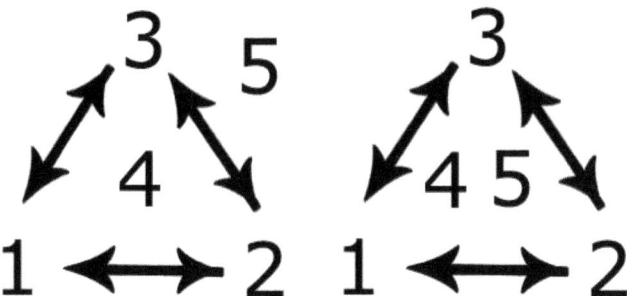

Wenn sich eine fünfte Fläche außerhalb, der vier anderen befindet, kann sie, wie auf der ersten Grafik nicht mit Fläche 4 eine Grenzlinie schaffen, sofern schon 2 und 3 zueinander eine Grenzlinie gebildet haben. Auch wenn 5 in den Innenbereich zu 4 wechselt, dann könnten 4 und 5 nicht zugleich Grenzlinien zu 1, 2 und 3 schaffen. Es ist dann wohl möglich, dass entweder 4 oder 5 zu 1, 2 und 3 eine Grenzlinie hat, aber nicht zugleich. Wenn 4 mit 1, 2 und 3 Grenzlinien schafft, dann kann 5 maximal nur noch zu zwei der drei Flächen eine Grenzlinie schaffen, zu der jeweiligen dritten schafft sie keine Verbindung, weil der Umfangsanteil von 4 an der Innenfläche größer ist. Es kann sogar sein, dass der Flächenanteil von 5 größer ist, als der von 4.

Fläche 4 hätte in diesem Fall eine sehr schmale aber sehr lange Fläche. Entscheidend ist die Länge des Umfangs. Wenn beide Flächen 4 und 5 gleich groß sind, dann streift wiederum jede nur jeweils zwei der Flächen 1, 2 und 3.

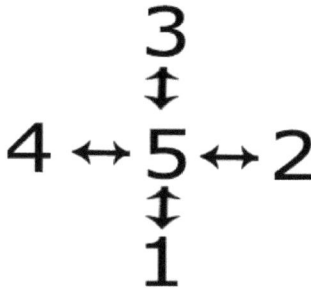

Auch in der Kreuzformation, funktioniert es nicht. 5 könnte zwar an alle vier Flächen angrenzen, die jeweiligen anderen jedoch nicht an die gegenüberliegenden, die durch 5 verdeckt werden.

Warum ein Beweis so schwer erkennbar war, liegt daran, weil es durchaus Flächen gibt, die Grenzlinien zu vielen Flächen besitzen, aber man muss sich dann die jeweiligen Nachbarflächen anschauen, die ebenso Grenzlinien besitzen. Hier wird es welche geben, die eben nicht an mehr als drei Flächen angrenzen. Der Beweis ist also: Wenn es keine Karte geben kann, auf der fünf Einzelflächen alle zugleich zueinander sich im direkten Nebeneinander befinden, dann braucht man sich auch keine Gedanken darüber zu machen, ob eine fünfte Farbe notwendig wäre, weil man nämlich dann immer mit vier Farben auskommt.

Im dreidimensionalen Raum kann es die Fälle geben, wobei man nicht mehr mit vier Farben auskommt. Das wäre der Fall, wenn ein Tetraeder im Raum schwebt. Im zweidimensionalen jedoch nicht, dies ist auch auf der nachfolgenden Grafik erkennbar. Vom Tetraeder sind immer nur drei Flächen auf einer zweidimensionalen Abbildung erkennbar. Selbst wenn man es transparent machen würde, dann würden die erkennbaren Seitenlinien einen Bruch der Flächen zueinander ausmachen, wobei die Transparenz eine erneute Farbaufteilung erfordern würde.

Weitere Bücher von Michael Thiel: